Damitie Kebede Mengesha

Avaliação dos parâmetros genéticos e das caraterísticas de crescimento de bovinos da raça Simmental

Damitie Kebede Mengesha

Avaliação dos parâmetros genéticos e das caraterísticas de crescimento de bovinos da raça Simmental

ScienciaScripts

Cover image: www.ingimage.com

This book is a translation from the original published under ISBN 978-3-659-79785-9.

Publisher:
Sciencia Scripts
is a trademark of
Dodo Books Indian Ocean Ltd. and OmniScriptum S.R.L publishing group

120 High Road, East Finchley, London, N2 9ED, United Kingdom
Str. Armeneasca 28/1, office 1, Chisinau MD-2012, Republic of Moldova, Europe
Printed at: see last page
ISBN: 978-620-8-34008-7

AGRADECIMENTOS

Quero agradecer sinceramente às instituições e pessoas que, de uma forma ou de outra, abriram portas e responderam às minhas incessantes perguntas na busca de conhecimentos que culminaram na conclusão bem sucedida deste estudo. Agradeço à Universidade de Debrecen, à FAO e ao Ministério do Desenvolvimento Rural pela oportunidade de realizar estudos de pós-graduação. Os meus agradecimentos à Associação dos Criadores de Simmental Húngaro e ao diretor da exploração Derecske pelo fornecimento de dados.

Estou grato ao meu supervisor, Dr. Istvan Komlosi, pelo seu aconselhamento técnico, orientação, supervisão profissional, inspiração e apoio ilimitado durante todo o período de estudo. Agradeço novamente ao Dr. Posta János pela sua disponibilidade para me ajudar, bem como pela sua valiosa orientação e apoio durante todo o meu trabalho de investigação. Agradeço também aos meus colegas estudantes de pós-graduação pelo apoio moral e técnico. Pela boa saúde, estabilidade mental, força física e o dom da vida, agradeço a Deus Todo-Poderoso.

ÍNDICE DE CONTEÚDOS:

ABREVIATURAS

ADG	Average Daily Gain
ANOVA	Analysis of Variance
BD	Body Depth
BL	Body Length
BW	Birth Weight
CE	Calving Ease
CV%	Coefficient of Variation
FT	Foot
GLM	General Linear Model
h^2	heritablity
HH	Hip Height
HL	Hip Length
HW	Hip Width
Max	Maximum
Min	Minimum
MS	Muscularity
PA	Pasterns
r	correlation
RA	Rump Angle
RL	Rear Leg
sd	standard deviation
SE	Standard Error
SM	Shoulder Muscle
TF	Teat Form
TM	Tigh Muscle
UD	Udder Depth
UR	Udder
WA	Weaning Age
WW	Weaning Weight
205W	205-day Weight

CAPÍTULO 1

1. INTRODUÇÃO

A origem da raça Simmental situa-se no Oberland Bernês, no vale de Simmen, na Suíça Central. Por esse motivo, a raça é designada por Simmental em muitas línguas diferentes. O gado Simmental caracteriza-se pela típica pelagem malhada. A cabeça, as patas, o ventre inferior e o tronco caudal são sempre brancos, enquanto as outras partes da pelagem podem variar entre o amarelo claro e o castanho avermelhado escuro. As manchas brancas estão distribuídas individualmente pelo corpo do animal. Os bovinos da raça Simmental têm o focinho despigmentado e a testa larga.

A raça bovina Simmental é uma das raças bovinas de dupla finalidade mais conhecidas em todo o mundo. É boa na produção de leite e de carne. A raça está principalmente presente na região alpina e nas regiões montanhosas da Europa Central. Possui uma série de atributos importantes: está amplamente distribuída por todo o mundo, o que implica adaptabilidade a ambientes e práticas de maneio variados, facilidade de maneio, excelente capacidade de maternidade, fertilidade elevada e a longo prazo, intervalos curtos entre partos, bons conversores de erva, maturidade precoce, longevidade, boas taxas de crescimento, e tem continuado a prosperar ao longo de centenas de anos, o que implica utilidade, eficiência funcional e produtividade.

A estimativa de parâmetros genéticos para várias caraterísticas dos animais é um dos principais temas do melhoramento animal. Os avanços no melhoramento animal estatístico alargaram o seu âmbito de aplicação e as caraterísticas de interesse proporcionam grandes oportunidades para a agricultura animal (Sang 2003). As estimativas dos parâmetros genéticos são necessárias para a implementação de programas de melhoramento e para a avaliação do progresso dos programas em curso, sendo a exatidão das estimativas de extrema importância (Wasike et al 2006). Os parâmetros genéticos e fenotípicos no domínio da genética quantitativa incluem a hereditariedade, a correlação genética e fenotípica e a repetibilidade, que desempenham um papel vital na formação de qualquer plano de criação adequado para um programa de melhoramento genético (Aynalem 2006).

A variação biológica é um aspeto importante do progresso genético, uma vez que o objetivo da reprodução selectiva é a identificação fiável de animais com genes superiores para constituírem os pais da geração seguinte (Falconer e Mackay 1996). Classicamente, os componentes de variância foram divididos em componentes genéticos e ambientais, o que resultou na variância genética e ambiental. Estes componentes e as suas interações são importantes para a estimativa dos valores genéticos dos animais para cada caraterística, para efeitos de seleção (Falconer e Mackay 1996). A eficácia dos programas de melhoramento depende da exatidão das estimativas dos parâmetros genéticos e fenotípicos, que incluem a hereditariedade, a repetibilidade e a correlação entre caraterísticas (Burrow 2001).

Na Hungria, a produção de carne de suíno e de aves de capoeira excede largamente a produção de carne de bovino. A produção de suínos é a mais importante, com uma quota de 16% da produção agrícola total, seguida da produção de aves de capoeira (10%) e da produção de leite, também com 10%. A produção de carne de bovino é um subproduto da produção de leite e acompanha a dimensão do efetivo de vacas leiteiras. A produção de carne de bovino diminuiu 68% na última década (1992 a 2000), enquanto as existências de gado diminuíram 40% (Comissão Europeia; Direção-Geral dos Assuntos Económicos e Financeiros, 2002).

Os animais que são demasiado produtivos para um determinado ambiente estão menos bem adaptados. É necessário encontrar animais que estejam bem adaptados ao ambiente de cada exploração e descrever o seu tipo através de medidas objectivas, tais como medidas lineares do corpo de diferentes partes dos animais. As medições corporais permitem a deteção de alterações que ocorrem no efetivo ou na raça mais cedo do que podem ser detectadas visualmente. Por conseguinte, uma medição corporal quantifica a alteração do desempenho do animal ao longo do tempo. Servem como informação suplementar aos resultados dos testes de desempenho (Bosman, 1997).

Informações úteis sobre a aptidão dos animais para a seleção e sobre os resultados dos programas de melhoramento genético podem ser avaliadas numa base morfológica, como a medição linear do corpo. Além disso, as medições lineares do corpo têm sido sugeridas como medidas baseadas na conformação corporal dos animais (Janssens e Vandepitte, 2004; Janssens et al., 2004). No entanto, desde o início dos anos 80, os sistemas de avaliação mudaram da escala de conformação para a pontuação numa escala de medição linear. Thompson et al. (1983) demonstraram que as caraterísticas de medição linear apresentavam herdabilidades mais elevadas do que as caraterísticas pontuadas subjetivamente e, mais recentemente, Serenius et al. (2001) e Gutiérrez e Goyache (2002) defenderam uma mudança para a medição linear, a fim de melhorar a avaliação genética dos bovinos de carne. As medidas corporais lineares, como o perímetro torácico e o comprimento do corpo, foram propostas como critérios de seleção indirectos para o melhoramento genético da produção de carne em bovinos (Kahi e Hirooka, 2005; Maiwasha et al., 2002) e para a previsão do peso vivo, das caraterísticas de crescimento (Mohammed e Amin, 1997) e das caraterísticas de carcaça em bovinos (Afolayan et al., 2002). Verificou-se que as medidas lineares do corpo têm uma hereditariedade moderada a relativamente elevada e uma forte relação positiva com as caraterísticas de crescimento dos bovinos (Afolayan et al., 2007).

A raça do Simmental Húngaro tem um duplo objetivo. A Associação dos Criadores do Simmental Húngaro, responsável pelo melhoramento da raça, foi ambiciosa neste objetivo ao incluir as caraterísticas da carne (estrutura, musculatura, conformação do corpo, conformação do úbere) no tipo

A classificação dos touros como primeiro passo (1992) e, em seguida, a criação de uma central de testes de auto-desempenho dos candidatos a reprodutores (a partir de 1994), que ajuda a escolher os touros com melhores caraterísticas de ganho de peso para inseminação artificial. É óbvio que os dados fenotípicos relacionados com a produção de carne de bovino fornecem informações insuficientes sobre a descendência dos reprodutores, uma vez que não é possível estimar as caraterísticas de abate (Füller 2010). Neste estudo foram incluídas uma caraterística de aptidão física, cinco caraterísticas de crescimento, cinco medidas lineares do corpo e dez índices de condição corporal.

Objectivos

Os objectivos deste estudo foram:

- Avaliar as caraterísticas de crescimento dos bovinos da raça simental húngara.
- Estimar os componentes dos parâmetros genéticos que serão utilizados na avaliação genética nacional da raça e no desenvolvimento dos objectivos de seleção.
- Avaliar a relação entre as medidas lineares do corpo e os índices de condição corporal das vacas Simmental húngaras. Os resultados obtidos no presente estudo também seriam úteis e de grande utilidade para os agricultores e cientistas animais que estão envolvidos na investigação sobre bovinos.

CAPÍTULO 2

2. REVISÃO DA LITERATURA

2.1. A situação da raça Simmental em alguns países europeus

A raça Simmental é a segunda raça mais importante na Europa, a seguir ao grupo dos bovinos Holstein Frísia e às populações holsteinizadas, se for tida em conta a importância global das raças (dimensão da população da raça, produção de leite, produção de carne). De acordo com os relatórios das associações da raça simental em alguns países europeus (www.Cattlenetwork.net), a maior população de bovinos da raça simental encontra-se na Alemanha (cerca de 3500000 cabeças ou um pouco menos de 30% do total de bovinos existentes na Alemanha), na Áustria (1600000 a 1700000 cabeças ou cerca de 80% do total de bovinos existentes na Áustria), na Sérvia (cerca de 850000 cabeças ou cerca de 80% do total de bovinos existentes na Sérvia), seguida da República Checa e da Suíça, da Eslovénia (Perisic et al., 2009).

Desde a sua criação até aos dias de hoje, as orientações para o melhoramento da raça Simmental foram muitas vezes alteradas, mas a necessidade de preservar a sua dupla produção com diferenças em relação às caraterísticas produtivas (produção de leite ou engorda) foi vista como um objetivo, conciliado com a necessidade dos países em que a mesma raça foi criada para efeitos de produção combinada. Nas últimas décadas, em países não europeus e em alguns países europeus, a raça Simmental foi criada principalmente para uma produção especializada de carne, através da criação em raça pura ou de cruzamentos com outras raças (Perisic et al., 2009).

2.2. Importância de alguns traços na definição dos programas de criação da raça Simmental

No que diz respeito aos objectivos e programas de criação da raça Simmental nos países europeus, estes diferem entre si. Sem dúvida que devem ser conciliados com as necessidades de cada país para responder à procura de leite e carne no mercado nacional. Os objectivos de seleção dependem muito da dimensão da população do Simmental e da sua percentagem no efetivo total de bovinos de um determinado país. Um fator importante que influencia a definição de objectivos produtivos para a raça Simmental é também a percentagem de gado leiteiro no total de gado encontrado e a sua produtividade. Quanto maior for a participação das raças leiteiras num determinado país, especialmente se a sua produção de leite for elevada e continuar a aumentar, maior será a influência direta na diminuição da população de bovinos da raça Simmental criados para produção combinada com o aumento das populações criadas no sistema "vaca-bezerro" (Perisic et al., 2009).

Quadro 1. Importância das caraterísticas individuais (em %) no objetivo de seleção para a raça Simmental

Country	Milk	Meat	Fitness	Exterior
Hungary	60	40	0	0
Czech Republic	40	24	0	36
Slovenia	45	10	23	22
Slovakia	60	40	0	0
Serbia	50	50	0	0
(Fleckvieh) Switzerland	40	10	30	20
(Simental) Switzerland	35	20	25	20
Romania	60	35	5	0
Poland	50	50	0	0
Austria	38	16	46	0
Croatia	50	50	0	0
Italy	44	24	12.5	19.5
(Simmental) France	51	-	31	18
(Monbeliard) France	50	-	37.5	12.5
Germany	38	16	46	0

(www.Cattlenetwork.net)

2.3Simmental no sistema vaca-bezerro

A raça Simmental possui boas qualidades de engorda e de abate, que exibe quando é criada em raça pura, e transfere-as para os cruzamentos quando são efectuados cruzamentos comerciais com raças leiteiras ou de engorda. As caraterísticas de engorda e de abate dos bovinos da raça Simmental criados em sistema de vacas e vitelos não são, em geral, inferiores às das raças clássicas de engorda, sobretudo das raças terminais. A raça Simmental é tratada como uma raça clássica de engorda na Grã-Bretanha, na Dinamarca, nos Países Baixos, nos países escandinavos e em todos os países não europeus. Devido à sua criação no sistema de vacas de cria, a raça Simmental tem um desempenho muito mais próximo das raças de engorda terminais (Charolês, Limousine) do que das conhecidas raças de engorda britânicas. Nos países mencionados, é criado o tipo de raça Simmental com caraterísticas de engorda pronunciadas, grandes estruturas e constituição forte. Os resultados do teste de engorda em touros jovens da raça Simmental encontram-se no Quadro 2, mostrando que os ganhos de peso vivo obtidos no teste até à idade de um ano são sempre superiores nos touros jovens provenientes de populações destinadas à produção especializada de carne (Perisic et al., 2009).

Tabela 2. Resultados do teste de engorda em touros jovens da raça Simmental

Country	Year	Body weight at birth, kg	Body weight at 200 day, kg	Body weight at 365 day, kg	Average daily gain, g
Czech Republic	2006	39	284	531	1348
Slovenia	2006	45	276	-	-
Slovakia	2004	32	202	-	-
Serbia	2004	45	251	508	1254
(Simmental) Switzerland	2006	43	311	536	1469
Sweden	2006	48	342	610	1470
Austria	2006	44	285	445	1103
Norway	2004	44	340	568	1492
Ireland	2004	40	400	-	-
Great Britain	2004	41	422	600	1530
Germany	2006	41	286	525	1326
Danemark	2006	47	355	636	1614

(www.Cattlenetwork.net)

Como base materna, a raça Simmental é amplamente utilizada em sistemas especializados de produção de carne (sistema "vaca-bezerro"), onde o cruzamento com raças de engorda terminais (Sharolais, Limousine, Belgian Blue-White) é mais frequentemente organizado. Nos países da Europa Central e Oriental, a raça Simmental é mais frequentemente utilizada em diferentes programas de cruzamento com outras raças de engorda, quando é cultivada no sistema vaca bezerro (Perisic et al., 2009). Assim, Deblitz et al. (1992), na Alemanha de Leste, estudaram os efeitos da criação ao ar livre em 221 efectivos de vacas leiteiras de raça pura e de vacas leiteiras cruzadas de Galloway, Montafon, Limousine, German Red, German Angus, Aberdeen-Angus, Sharolais e Simmental sobre os resultados reprodutivos e a produção de touros jovens.

Mazurovsky e Litovchenko (2001) apresentaram resultados sobre a criação de um novo tipo de gado de carne do Simmental na região de Orenburg (Rússia). Durante a criação de um tipo de carne de raça pura do Simmental, os melhores resultados durante a primeira fase foram obtidos pelos animais produzidos a partir de touros da seleção alemã e canadiana. Durante o cruzamento introdutório, a utilização da raça Limousine mostrou bons resultados. Durante a primeira fase, o ganho médio de peso vivo na engorda foi de 1300-1400 g por dia, e quando os animais foram abatidos com 24 meses de idade, o rendimento de carne na carcaça pesava 380-395 kg.

2.4. Bovinos da raça Simmental húngara

Durante séculos, a Hungria foi um exportador de carne de bovino e de gado para abate. Durante as últimas décadas, a quantidade de carne de bovino exportável tem vindo a diminuir, mas a orientação para a exportação continua a existir. A raça Simmental húngara desempenha um papel importante na produção de carne de bovino de alta qualidade para exportação. Para manter ou melhorar o nível atual, é inevitável utilizar métodos de criação modernos na prática quotidiana (Füller, 2010).

Estas razões incitam à realização de um trabalho de investigação intensivo para obter as informações que faltam na raça simental húngara, caso contrário é impossível manter a competência com outras raças (Füller, 2010).

O trabalho de investigação é dificultado pelo facto de, atualmente, a maior parte dos vitelos e dos touros de engorda serem exportados, pelo que são abatidos no estrangeiro. Consequentemente, existem muito poucos dados disponíveis sobre os resultados da engorda e do abate (caraterísticas de desossa e rendimento, qualidade da carne) de bovinos de diferentes raças, genótipos e sexos. Sem o conhecimento destes parâmetros, é impossível um trabalho de seleção bem sucedido (Füller, 2010).

A Associação dos Criadores do Simmental Húngaro, responsável pelo melhoramento da raça, foi ambiciosa nesta intenção, ao incluir as caraterísticas da carne de bovino (estrutura, musculatura, conformação do corpo, conformação do úbere) na classificação do tipo como primeiro passo (1992), e depois ao iniciar a criação de um teste central de auto-desempenho dos candidatos a reprodutores (a partir de 1994), o que constitui uma ajuda na escolha dos touros com melhores caraterísticas de ganho de peso para inseminação artificial. É óbvio que os dados fenotípicos relacionados com a produção de carne de bovino fornecem informações insuficientes sobre a descendência dos reprodutores, uma vez que não é possível estimar as caraterísticas de abate. Por outro lado, os requisitos em termos de caraterísticas de abate e de qualidade da carne de bovino são cada vez mais elevados na produção de carne de bovino de alta qualidade. A compatibilidade só pode ser assegurada se a população da raça for selecionada também para estas caraterísticas (Füller, 2010).

A Associação de Criadores de Gado Simmental Húngaro coordena 1383 explorações pecuárias em que o número de bovinos registados é de 27875 e 889 dessas explorações pecuárias mantêm 14877 vacas ordenhadas (com dupla utilização), enquanto 494 explorações pecuárias mantêm 12998 vacas não ordenhadas (gado de carne) (Associação de Criadores de Gado Simmental Húngaro, 2009).

A produção de touros reprodutores é efectuada em explorações de produção de touros ordenhados e não ordenhados. Na primeira reunião do ano, o Comité de Peritos determina os requisitos para as vacas reprodutoras. O número destas vacas é o melhor de 1-3% do efetivo controlado de produção. Nas explorações duplamente utilizadas (animais ordenhados), em 10 explorações de gado bovino, existem 116 vacas reprodutoras cujo índice de valores reprodutivos deve ser superior a 124. No gado de carne (não ordenhado), em 6 explorações de gado, há 85 vacas reprodutoras cujo critério de índice é superior a 105. O comité efectua o acasalamento específico das vacas reprodutoras uma vez por ano. Os touros importados são também utilizados para o acasalamento direcionado com as vacas reprodutoras. Os vitelos nascidos do acasalamento seletivo são transportados para a estação central do exame de desempenho próprio, depois de certificada a sua capacidade de comércio por um veterinário (Association Hungarian Simmental Breeders, 2009). Os resultados do teste de desempenho em 2010 são apresentados no quadro 3.

Quadro 3: Resultados dos nomeados para touro reprodutor (2010)

The central testing results of the	breeder bull nominees
Gain in weight under testing	1850 g/day
Gain of weight per day of life	1508 g/day
The farm testing results of the breeder	bull nominees
Gain in weight under testing	1418g/day
Gain of weight per day of life	1351 g/day

Após a conclusão do teste, os touros reprodutores são qualificados, obtendo as seguintes qualificações: adequados para inseminação artificial ou acasalamento natural ou inadequados para reprodução posterior. Os touros reprodutores nomeados que são adequados para a inseminação artificial, tanto nas raças ordenhadas como nas não ordenhadas, participam duas vezes por ano num exame de desempenho de acasalamento. Dado que o gado Simmental húngaro é uma variedade adequada para dupla utilização, a associação melhora as suas

capacidades de produção de leite e de carne durante a criação, pelo que os touros reprodutores têm não só "valor reprodutivo" e valor reprodutivo exterior, mas também, desde 2004, uma contagem de células somáticas e "valor reprodutivo de carne". A base do cálculo do valor reprodutivo da contagem de células somáticas são os dados do número de células individuais medidos durante o controlo de produção. Para determinar o "valor genético da carne", são engordadas 8-15 progénies masculinas do touro reprodutor nomeado e o "valor genético da carne" é calculado a partir dos seguintes valores
os valores do abate de qualificação dos grupos de descendentes e - os valores de três meios corpos por grupo de descendentes após a desossa (Association Hungarian Simmental Breeders, 2009). O desempenho na engorda é apresentado no quadro 4.

Quadro 4: Resultados da engorda e do abate dos touros

parametr	N	average
Increase of net weight during fattening (g/day)	691	742
Slaughtering %	691	59.95
Europe-muscularity (E=1...P=5)	691	2.80

Para além do melhoramento da capacidade de produção de carne da variedade, os criadores também dão atenção ao melhoramento das qualidades relacionadas com a capacidade de produção de leite. Para além da seleção relativa à quantidade de leite, ao conteúdo e à qualidade exterior do úbere, em 2000 a Associação começou a fazer investigação e desenvolvimento para melhorar a ordenha mecânica e, em resultado disso, foram iniciados no país exames de ordenha instrumental com a variedade Simmental húngara, após um longo intervalo. O objetivo da recolha de dados era determinar o valor de reprodução da velocidade de ordenha dos touros reprodutores. A integração para além das fronteiras permite aumentar o valor genético desta variedade de forma mais eficiente e manter a sua competitividade. O país tem sido membro da Federação Europeia de Criadores de Gado Simmental e é o fundador da Federação Mundial de Gado Simmental (Association Hungarian Simmental Breeders, 2009).

2.5. O sector húngaro da carne de bovino

Nas últimas décadas, registou-se na Hungria uma grande concentração de gado. Na União Europeia, as explorações de menor dimensão são tradicionais. Atualmente, na Hungria, apenas 17,7% das explorações têm menos de cem animais, enquanto a maior parte do gado é criada em explorações com 300 ou mais animais (Bárdos e Fert6, 2006).

O sector húngaro da carne de bovino pode ser caracterizado por uma estrutura de produção atomizada devido à falta de cooperação entre os intervenientes ao mesmo nível da cadeia de abastecimento (Bárdos e Fert6, 2006).

Existem apenas algumas relações contratuais neste sector. Na maioria dos poucos casos em que existem relações contratuais (por exemplo, contratos de compra entre fabricantes e produtores), os contratos têm uma caraterística contratual cruzada. O sector da carne de bovino pertence à cadeia de abastecimento regulamentada e controlada; o objetivo da regulamentação introduzida é proteger a posição de mercado dos produtores, garantir um rendimento justo e proporcionar proteção contra o elevado risco de mercado. (Bárdos e Fert6, 2006).

A produção de carne de bovino diminuiu antes da adesão, mas, de 6% da produção de gado e de produtos animais em 2003, aumentou para 9% em 2005 e há sinais de uma nova recuperação. A concentração é uma tendência decisiva; 57% do efetivo nacional de bovinos encontra-se em manadas com mais de 500 cabeças. Mais de 80% das explorações agrícolas das empresas têm efectivos superiores a 500 bovinos, mas apenas 5% das explorações agrícolas individuais têm efectivos tão grandes (Ferenczi et al., 2007).

O sector da carne húngaro é dualista; as 5 maiores empresas detêm 54% da quota de mercado (as 35 maiores) e as 117 mais pequenas (de um total de 162 empresas de carne) detêm apenas 10,4% da quota de mercado (Ferenczi et al., 2007).

2.6. Tendências e perspectivas do mercado para o consumo de carne

O padrão de consumo de carne alterou-se ao longo da última década. Antes da transição, a carne de porco era a principal carne, com 43 kg per capita em 1989, mas diminuiu gradualmente para 27 a 28 kg em meados da década de 1990 e tem mantido esse nível desde então. No mesmo período, o consumo de carne de aves de capoeira aumentou, ultrapassando o da carne de porco em 2000, sendo atualmente de 32 a 34 kg per capita por ano. O consumo de carne de bovino não é significativo (menos de 4 kg por pessoa) e o de carne de ovino é ainda menos significativo (0,2 kg por pessoa) (Ferenczi et al., 2007).

Todas as carnes têm uma elasticidade de preços relativamente elevada na Hungria, pelo que os retalhistas tentam conter os aumentos de preços no consumidor. A adesão reforçou certamente essa atitude. Os índices de preços no consumidor (2003 = 100) são inferiores aos de 2000 (81) e 109 em 2005, para a carne de bovino 75 e 116, a carne de frango 96 e 113 e a carne de suíno 100 e 119, respetivamente (Ferenczi et al., 2007).

2.7. Caraterísticas de importância económica na produção de carne de bovino

Durante as últimas décadas, foram realizados muitos estudos sobre a importância económica das caraterísticas funcionais dos bovinos leiteiros, e a magnitude destas caraterísticas foi amplamente salientada e discutida (Groen et al., 1997). Para além da importância económica, existem várias outras razões para incluir caraterísticas funcionais nos programas de criação, por exemplo, considerações éticas e atitudes dos consumidores (Groen et al., 1997). No entanto, quando se considera a criação de bovinos de carne, a investigação e a inclusão de caraterísticas funcionais nos objectivos de criação são mais limitadas a nível mundial. As caraterísticas de crescimento continuam a ser as mais frequentemente registadas (ICAR Technical Series No. 6 2001), e é dada muita ênfase às caraterísticas de produção, o que, obviamente, torna a seleção para o mérito económico subóptima.

A fertilidade e outras caraterísticas reprodutivas são, por razões óbvias, importantes na produção de vacas em aleitamento, uma vez que o vitelo representa, na maior parte dos casos, a principal fonte de rendimento, pelo que se espera que sejam uma das caraterísticas funcionais mais importantes. No entanto, apesar de terem sido publicados vários modelos bioeconómicos para bovinos de carne nas últimas duas décadas, estes modelos não são frequentemente desenvolvidos para objectivos de reprodução amplos, incluindo apenas algumas caraterísticas funcionais, o que dificulta a comparação da importância real destas caraterísticas. A importância económica das caraterísticas funcionais é influenciada pelos sistemas de gestão e de produção, pelo que é importante definir e modelar adequadamente o sistema de produção considerado.

Existem muitos sistemas diferentes de produção de bovinos de carne em todo o mundo. Na Europa, podem definir-se dois sistemas diferentes de produção de bovinos de carne de acordo com a intensidade da produção: 1) sistemas intensivos baseados em concentrados e 2) sistemas extensivos baseados em pastagens (Zjalic et al. 2006). Além disso, existem sistemas de produção em que algumas partes da produção são intensivas (por exemplo, a engorda de touros) e outras partes são mais extensivas (por exemplo, o sistema de produção de vacas em aleitamento).

O desempenho dos bovinos de carne é geralmente descrito por caraterísticas de reprodução, produção, carcaça e sobrevivência. O impacto económico destas caraterísticas numa empresa de produção de carne de bovino é analisado tendo em conta os seus efeitos na rentabilidade da empresa. Estas caraterísticas estão relacionadas e, por conseguinte, os programas de criação que integram todas as categorias de caraterísticas serão mais eficazes do que os que consideram uma categoria de caraterísticas específica. A seleção para melhorar estas caraterísticas num sistema de produção é influenciada pelo ambiente de produção, pela facilidade de expressão e pelas condições de mercado (Bwire, 2006).

2.7.1. Caraterísticas produtivas

Estas são descritas pelo desempenho do crescimento de um animal em várias fases da curva de crescimento e influenciam diretamente a rentabilidade dos sistemas de produção de carne de bovino (Newman e Coffey, 1999). Incluem todas as caraterísticas de crescimento medidas em peso vivo. A expressão destas caraterísticas depende da capacidade de crescimento inerente do animal e do ambiente de produção (Mackinnon et al., 1991; Davis, 1993). As caraterísticas produtivas influenciam vários aspectos da produção, nomeadamente desde as necessidades de manutenção até ao valor da vaca de reforma, afectando assim diretamente o rendimento da produção de carne de bovino. Estas caraterísticas influenciam diretamente a carcaça (Pariacote et al., 1998) e as caraterísticas reprodutivas (Burrow, 2001), embora sejam afectadas pela adaptabilidade do animal ao ambiente de produção (Gaughan et al., 1999; Burrow, 2001). Constituem a base da seleção em muitos dos programas de melhoramento genético, devido à sua expressão precoce e facilidade de medição.

2.7.2. Caraterísticas reprodutivas

As caraterísticas reprodutivas descrevem a capacidade do animal para conceber, parir e amamentar o vitelo até ao desmame com sucesso (Davis, 1993). Estas caraterísticas são importantes uma vez que afectam o tamanho do rebanho e o número de crias. Eles também influenciam a colheita total de bezerros do rebanho e são bons indicadores dos animais que serão disponibilizados para o mercado. No entanto, elas são influenciadas tanto pelas caraterísticas produtivas como pelas de sobrevivência. O desempenho reprodutivo é normalmente avaliado através da análise dos traços reprodutivos das fêmeas. As caraterísticas regularmente consideradas incluem a idade ao primeiro parto, o intervalo entre partos e a data do parto. McGregory e Casey (1999) estabeleceram que a data do parto era uma melhor medida do desempenho reprodutivo em bovinos de carne sob um esquema de reprodução sazonal rigoroso do que o intervalo entre partos. Isto deve-se ao facto de a primeira ser positivamente influenciada pela data de parto anterior do que o intervalo de partos. No entanto, o intervalo de partos continua a ser a principal medida de eficiência reprodutiva em esquemas de reprodução contínua (MacGregory e Casey, 2000). Os traços de fertilidade masculina raramente são incluídos nas avaliações genéticas apesar da sua influência na performance reprodutiva feminina. Estes traços incluem traços de qualidade e quantidade de sémen e tamanho do escroto.

2.7.3. Traços de sobrevivência

As caraterísticas de sobrevivência descrevem o potencial do animal para crescer, reproduzir-se e manter-se produtivo em determinadas condições de produção. São medidas da adaptabilidade dos animais ao ambiente de produção e são caraterísticas do efetivo descritas como taxas de sobrevivência em várias fases de desenvolvimento, medidas em termos de tolerância a parasitas patogénicos (Mackinnon et al., 1991) e de mortalidade (Burrow, 2001; Hearnshaw et al., 2002). A informação sobre a mortalidade e a sobrevivência dos animais é útil para modelar as estruturas de idade dos efectivos num sistema de produção (Hearnshaw et al., 2002). A previsão genética da stayability das fêmeas é importante para a redução dos custos e o aumento dos lucros através da seleção para uma reprodução e produtividade persistentes. No entanto, na maior parte das regiões tropicais, as caraterísticas de sobrevivência são selecionadas indiretamente durante a seleção direta das caraterísticas de produção em ambientes de produção restritivos. As caraterísticas de sobrevivência tendem a ter estimativas de parâmetros muito variadas devido à elevada influência ambiental (Davis, 1993; Hearnshaw et al., 2002).

2.7.4. Traços de carcaça

Os traços de carcaça descrevem as caraterísticas da carne de bovino. Em termos gerais, dividem-se em traços de qualidade da carcaça (composição) e traços de quantidade da carcaça. Os traços qualitativos da carcaça incluem o grau de marmoreado, a espessura da gordura, as percentagens de gordura nos rins, na pélvis e no coração, a área do olho da costela e o grau de rendimento. Por outro lado, as caraterísticas quantitativas da carcaça incluem o peso vivo antes do abate, o peso da carcaça quente e a percentagem de preparação (Pariacote et al., 1998). As caraterísticas da carcaça diferem entre raças e são influenciadas pelo plano de nutrição e pelo sistema de produção (Keane e More O'Ferrall, 1992). A seleção para estas caraterísticas é grandemente influenciada pela procura do mercado. Por exemplo, no Japão, o valor da carcaça é determinado principalmente pelo grau de marmoreado. Consequentemente, apenas a caraterística de qualidade da carcaça (isto é, o grau de marmoreado) tem sido fortemente realçada na seleção de touros para carne (Hirooka e Groen, 1999). No Quénia, não existe um critério específico de avaliação da carcaça. A maioria dos matadouros e talhos avalia a carcaça quantitativamente (Kilung'o e Mghenyi, 2001). Alguns talhos de alta qualidade consideram os traços de qualidade da carcaça como critério de avaliação, vendem carne de bovino em cortes específicos, dando ênfase à marmorização e à tenrura dos cortes. As estimativas de hereditariedade para as caraterísticas da carcaça são geralmente médias, o que implica uma capacidade de melhoramento por seleção. As correlações entre as caraterísticas são variadas. No entanto, as estratégias de criação destinadas a aumentar o peso seco da carcaça (o fator mais determinante do valor da carcaça) conduziriam ao melhoramento de outras caraterísticas da carcaça, para além do índice de marmoreado (Keane e More O'Ferrall, 1992; Pariacote et al., 1998).

2.8. Componentes de desvio

A variação biológica é um aspeto importante do progresso genético, uma vez que o objetivo da reprodução selectiva é a identificação fiável de animais com genes superiores para constituírem os pais da geração seguinte (Falconer e Mackay, 1996). Uma vez que as acções dos genes individuais são em grande parte desconhecidas, foram concebidos métodos quantitativos baseados no modelo infinitesimal para analisar os efeitos dos genes e dividir a variação fenotípica nos seus componentes.

Classicamente, os componentes de variância foram divididos em componentes genéticos e ambientais. No entanto, a sua ineficácia para explicar a estrutura da variância estimulou a utilização de modelos mais complexos que atribuem a variância a fontes diretas e indirectas (Falconer e Mackay, 1996). Isto levou a que a variância genética e ambiental fosse dividida em variância genética aditiva direta e aditiva materna e em variância ambiental permanente direta, permanente materna e aleatória, respetivamente. Nas espécies multíparas, a variância ambiental é ainda dividida em variância ambiental comum (Lynch e Walsh, 1998; Mrode, 2005). Estes componentes e as suas interações são importantes para a estimativa dos valores genéticos dos animais para cada caraterística, para efeitos de seleção (Falconer e Mackay, 1996). Os componentes de variância têm sido estimados para vários bovinos de carne tropicais, especialmente na Austrália e no Brasil (Mackinnon et al., 1991; Meyer, 1992; Davis, 1993; Burrow, 2001; Nobre et al., 2003b). No entanto, estas estimativas continuam a ser escassas nas raças de bovinos autóctones da África tropical; uma situação que levou à seleção de bovinos com base sobretudo na sua conformação e desempenho fenotípico (Haile-

Mariam e Kassa-Mersha, 1994, 1995; Demeke et al., 2003).

2.8.1. Variância genética

A variância genética é uma componente da variância fenotípica atribuível à composição genética do animal. É uma fonte de variação devida à amostra de genes que um animal recebe dos seus progenitores (1/2 de ambos os progenitores) e à forma como interagem (Bourdon, 2000). Esta componente de variação pode ser dividida em variância genética aditiva e materna devido aos efeitos genéticos individuais do animal e aos efeitos genéticos maternos, respetivamente.

Efeitos genéticos diretos aditivos: Os efeitos genéticos diretos aditivos são efeitos no desempenho do animal que podem ser atribuídos aos seus próprios genes. São efeitos devidos à média dos genes parentais e constituem o valor reprodutivo do animal. Uma vez que estes efeitos são hereditários, constituem a componente central do melhoramento genético devido à sua capacidade de serem selecionados. Nos caracteres de crescimento, estes efeitos são grandes, conduzindo a variações elevadas que sugerem ganhos genéticos mais elevados em comparação com os caracteres reprodutivos. Os efeitos estão sujeitos a uma série de efeitos, como o efeito Bulmer, que surge após várias gerações de seleção e tende a aumentar o parentesco genético (Falconer e Mackay, 1996; Lynch e Walsh, 1998; Simm, 1998; Mrode, 2005).

Efeitos genéticos maternos aditivos: Os efeitos maternos referem-se à influência da mãe nos seus descendentes. Estes efeitos são devidos ao ambiente materno (pré-natal e pós-natal) e à amostra de genes transmitidos à descendência. Por conseguinte, estes efeitos são em parte ambientais (de origem genética fornecida pela mãe) e em parte genéticos. O conhecimento da contribuição materna para o desempenho é necessário para o planeamento de um bom programa de criação (Baker, 1980; Meyer, 1992; Arthur et al., 1994). As provas dos efeitos maternos nos bovinos podem ser observadas em experiências de cruzamento devido às diferenças de desempenho entre os cruzamentos recíprocos, mas estas não ajudam a quantificar a variação relativa devida aos efeitos maternos (Koch, 1972; Baker, 1980).

Vários estudos demonstraram a importância dos efeitos maternos na eficiência da seleção para o crescimento em bovinos de carne (Arthur et al., 1994). Foi demonstrado que os efeitos genéticos maternos são significativos para o crescimento até ao desmame, após o que diminuem, mas o limite superior de idade a partir do qual este efeito desaparece varia de acordo com os resultados comunicados (Meyer, 1992; Khombe et al., 1995; Rumph et al.,

2002). Por conseguinte, é importante a adaptação de modelos que tenham em conta os efeitos genéticos aditivos maternos para as caraterísticas até ao desmame e a covariância entre os efeitos diretos e aditivos maternos (Vaez et al., 1996). Rumph et al. (2002) e Maniatis e Pollott (2003) demonstraram a extensão da sobrestimação da hereditariedade direta se os efeitos maternos fossem ignorados na estimativa dos parâmetros genéticos das caraterísticas de crescimento em bovinos e ovinos Hereford, respetivamente. A não consideração dos efeitos maternos inflacionou as estimativas de hereditariedade direta para o peso da vaca adulta do gado Hereford (Rumph et al., 2002). Por conseguinte, a seleção baseada em valores genéticos estimados a partir de modelos que têm em conta os efeitos maternos resulta numa maior eficiência da seleção.

Existe uma correlação negativa entre os efeitos genéticos aditivos e maternos (Baker, 1980; Maniatis, 2000). Isto tem uma forte implicação no progresso genético obtido na seleção de caraterísticas da carne de bovino em que o efeito materno é fundamental. O progresso genético é alcançado mais rapidamente quando esta correlação tende para zero (Baker, 1980). Este objetivo só pode ser atingido quando se utilizam modelos multi-caraterísticas para a análise genética, uma vez que reduzem a correlação devido a ajustamentos através da matriz de covariância residual quando se contabilizam mais do que uma caraterística de cada vez (Rumph et al., 2002). A correlação também pode ser reduzida através da utilização de dados com um pedigree detalhado, em que uma elevada proporção de mães e avós maternas têm os seus próprios registos (Maniatis e Pollott, 2003). Isto continua a ser um fator limitante na avaliação genética na África tropical, onde o desempenho e o registo genealógico não são consistentes.

2.8.2. Variação ambiental

Trata-se de uma componente da variação fenotípica que se deve aos efeitos do ambiente em que os animais vivem. Os efeitos vão desde factores físicos, como os factores climáticos, até à nutrição e aos factores gerais de gestão. A variância ambiental pode ser dividida em permanente, comum e residual (erro de medição), cada uma resultante de efeitos diferentes. A variância ambiental comum é proeminente em animais multíparos, pelo que não será aqui discutida. Nos traços registados sucessivamente, são feitos vários registos/observações de um indivíduo. Por exemplo, os registos do peso de um animal em momentos diferentes em bovinos de carne e os registos da produção de leite em diferentes lactações ou na mesma lactação em bovinos leiteiros são observações efectuadas repetidamente no mesmo indivíduo em momentos diferentes (Jamrozik et al., 1997; Meyer, 2000). As variações que resultam dessas observações estão parcialmente relacionadas e constituem assim uma variância permanente que se deve ao ambiente (Mrode, 2005). Na análise das caraterísticas de crescimento e reprodução, a variância ambiental é dividida de forma a estimar com exatidão a variância residual, que estima o efeito do ambiente na medição. Os efeitos ambientais permanentes são modelados como efeitos aleatórios, uma vez que são específicos dos animais. A soma destes efeitos e o valor genético do animal representam uma estimativa do desempenho futuro do animal no mesmo efetivo (Mrode, 2005).

A variância residual é a componente da variação fenotípica devida a todos os outros factores que não podem ser tidos em conta na análise. Estes consistem em todos os modos de interações genéticas, como a dominância e a epistasia, e os efeitos ambientais aleatórios (Mrode, 2005). Esta componente da variância é um indicador importante da exatidão das estimativas e tem, portanto, uma grande influência na fiabilidade dos resultados. Na avaliação genética, a variância residual é maioritariamente assumida como homocedástica; esta hipótese só é viável em medições efectuadas no mesmo momento (Mackinnon et al., 1991). Nos registos efectuados em momentos diferentes, esta hipótese introduz uma distorção nos componentes da variância estimada e deve, portanto, ser modelada como um componente heterogéneo (Burrow, 2001). A variância residual é influenciada pela estrutura dos dados. O seu valor é inflacionado quando os dados têm registos em falta e vários outliers (Aziz et al., 2002; Maniatis e Pollott, 2003). Todos estes componentes de variância são importantes para a estimativa dos parâmetros genéticos a utilizar nos programas de melhoramento genético, pelo que a sua exatidão é indispensável para um elevado progresso genético.

2.8.3. Interações genótipo-ambiente

As tendências genéticas e ambientais são medidas das mudanças que ocorrem nos efectivos (Falconer e Mackay, 1996). São indicadores dos progressos genéticos e de gestão realizados e, por conseguinte, são importantes na avaliação da eficácia dos programas de criação e na determinação do êxito de um programa de seleção (Musani e Mayer, 1997; Hofgren e Schinckel, 1998; Ebangi et al., 2000). Fornecem informações sobre o melhoramento do efetivo ao longo do tempo e são um reflexo do progresso do efetivo em comparação com a raça como um todo (Hofgren e Schinckel, 1998). As tendências genéticas e ambientais positivas são indicadores de métodos de seleção favoráveis e de uma boa gestão, respetivamente. Plasse et al. (2002) observaram tendências fenotípicas flutuantes para o peso aos 548 dias, o que foi atribuído à deterioração das pastagens durante o período de estudo.

A estimativa da tendência genética anual das caraterísticas de crescimento e de reprodução é efectuada através da regressão do valor reprodutivo médio dessa caraterística no ano, ao passo que a tendência ambiental anual é estimada através da regressão dos efeitos ano-estação para cada estação no ano, a fim de obter coeficientes cuja média dá as tendências ambientais anuais (Musani e Mayer, 1997). Na avaliação do desempenho do crescimento de suínos entre efectivos, Hofgren e Schinckel (1998) calcularam as tendências genéticas através da regressão do índice da linha materna no ano de nascimento. Observaram um aumento anual do índice, um fenómeno que atribuíram à utilização extensiva da diferença esperada na descendência nas decisões de seleção. Os efectivos selecionados com base nos valores reprodutivos estimados têm tendências genéticas mais elevadas do que os selecionados com base na avaliação física. Este foi também o cenário em efectivos onde são utilizados touros provados contra efectivos onde são utilizados touros não provados (Plasse et al., 2002).

As diferenças genéticas entre os animais só podem ser expressas quando o ambiente o permite (Dickerson, 1962). Por exemplo, é necessário um fornecimento suficiente de alimentos para que os touros de carne de bovino possam exprimir toda a sua capacidade de crescimento. Um determinado genótipo pode não ser o que produz melhor em todos os ambientes, pelo que pode ocorrer uma reclassificação dos animais reprodutores. Vários tipos de factores ambientais podem interagir com os genótipos, por exemplo, influências físicas externas, genótipo de fundo, efeitos maternos, clima social e forças económicas (Dickerson, 1962).

As interações genótipo-ambiente podem reduzir a precisão da seleção dos animais reprodutores, se estes forem selecionados num ambiente diferente daquele em que os seus descendentes irão produzir. Tais problemas podem surgir se o maneio numa estação de testes de desempenho se desviar substancialmente do maneio nos rebanhos de produção, resultando em correlações genéticas reduzidas entre índices e caraterísticas de objetivo (Graser et al., 1985). Apesar disso, um teste de estação pode ser motivado por um registo de dados mais preciso ou pelo registo de caraterísticas que não podem ser medidas em condições de campo. Meyer et al. (1994) concluíram que a baixa produção de leite das mães restringiria mais a taxa de crescimento dos vitelos em raças com elevada capacidade de crescimento do que em raças com menor capacidade de crescimento. Da mesma forma, o ambiente materno pode ser mais restritivo para os machos do que para as fêmeas. Além disso, é uma prática comum nos efectivos de bovinos de carne diferenciar o nível de alimentação dos vitelos para abate e dos vitelos para reprodução. Isto sugere que os genótipos masculinos e femininos podem ser expressos em ambientes parcialmente diferentes.

2.9. Parâmetros genéticos e sua importância na produção de carne de bovino

A eficácia dos programas de melhoramento depende da exatidão das estimativas dos parâmetros genéticos e fenotípicos, que incluem a hereditariedade, a repetibilidade e a correlação entre caraterísticas (Burrow, 2001). Estes parâmetros são rácios de componentes de (co)variância descritos acima e são importantes na avaliação do desempenho e na seleção de animais de carne de bovino. Os parâmetros relativos às caraterísticas produtivas, reprodutivas e adaptativas foram estimados para o gado de carne tropical. No entanto, as estimativas específicas para as raças de bovinos de carne da África tropical são escassas (Davis, 1993; Albuquerque e Meyer, 2001). A revisão de Lôbo (2000) indica que as estimativas dos parâmetros genéticos e fenotípicos são variáveis. Esta variabilidade foi atribuída a vários factores, como a história da população, a dimensão e a estrutura dos dados, o modelo de análise utilizado, a raça e os efeitos ambientais (Meyer, 1992; Davis, 1993; Meyer, 1993; Burrow, 2001; Aziz et al., 2002; Hearnshaw et al., 2002; Rumph et al., 2002; Maniatis e Pollott, 2003).

2.9.1. Hereditariedade

A hereditariedade é definida como a proporção da variação fenotípica que é devida à hereditariedade. As estimativas de hereditariedade apresentam um elevado nível de variabilidade. Esta variação resulta das diferenças na estrutura populacional dos efectivos que forneceram os dados, do modelo utilizado na análise, da raça e do ambiente em que os dados foram obtidos. Por conseguinte, é importante que as estimativas de uma população sejam tratadas com precaução quando utilizadas noutras populações. Estas estimativas são divididas em hereditariedade materna e direta atribuída aos efeitos genéticos maternos e individuais dos animais. Em geral, a variância genética materna é menor do que a variância genética direta, o que resulta em estimativas mais elevadas de hereditariedade direta do que de hereditariedade materna (Bwire, 2006).

As estimativas de hereditariedade variaram entre os modelos de análise. As estimativas obtidas com modelos animais simples foram maiores do que as obtidas com modelos que consideram os efeitos maternos. Isto deveu-se ao facto de se ter ajustado apenas um efeito aleatório (efeito genético aditivo) para ter em conta todas as fontes genéticas de variação.

Consequentemente, o efeito da mãe sobre o crescimento da sua descendência não foi considerado de forma independente, como no último modelo, mas sim agrupado com o efeito genético individual como variância genética. Quando o modelo de efeito materno foi ajustado, a estimativa da hereditariedade direta é drasticamente reduzida devido à partição da variância genética em variância genética direta e materna (Meyer, 1992). Houve uma diferença nas estimativas de hereditariedade entre raças. Este facto era esperado, uma vez que o potencial genético das várias raças difere para os vários traços de interesse. Além disso, as raças foram submetidas a diferentes níveis de seleção, o que tem um efeito sobre a variação genética aditiva (Van Dyk et al., 2001).

A comparação das estimativas de hereditariedade para os caracteres produtivos e reprodutivos revela estimativas mais baixas para os caracteres reprodutivos femininos do que para os produtivos. Isto deve-se ao facto de os caracteres reprodutivos femininos serem altamente influenciados pelo ambiente e de o desempenho reprodutivo do gado poder ser melhorado através da manipulação do ambiente de produção do que através da seleção (Van der Westhuizen et al., 2001). As estimativas de elevada hereditariedade para os caracteres produtivos devem-se às elevadas variâncias genéticas atribuídas a estes caracteres, o que implica a possibilidade de melhoramento através da seleção. Registou-se um aumento da hereditariedade materna até ao desmame, após o que as estimativas diminuíram. A hereditariedade materna é uma função da variância materna que surge do ambiente que a mãe fornece ao bezerro. No entanto, no desmame, quando o bezerro é separado da mãe, o ambiente materno é retirado e, portanto, os efeitos deste ambiente sobre a variância diminuem à medida que o bezerro cresce e se torna independente (Meyer, 1992).

2.9.2. Correlação

As correlações são medidas da força da relação entre duas variáveis. Valores de correlação elevados implicam uma relação forte entre as variáveis e vice versa (Bourdon, 2000). As correlações também podem ser positivas ou negativas, o que implica uma relação positiva ou negativa, respetivamente. As correlações são importantes porque ajudam a prever a resposta a

A seleção numa caraterística devido à seleção noutra caraterística e são divididas em correlações fenotípicas, genéticas e ambientais.

As correlações fenotípicas, genéticas e ambientais são medidas da força da relação entre o desempenho animal e as caraterísticas, os valores de reprodução e os efeitos ambientais entre as caraterísticas, respetivamente. A correlação entre as caraterísticas de peso foi favorável, a correlação entre o peso vivo e o peso aos 12 meses (0,90) indica que a seleção para um peso vivo mais elevado aumentaria também o peso aos 12 meses. A correlação genética entre AFC e CI foi baixa. Outras correlações importantes são as que existem entre diferentes valores da mesma caraterística (por exemplo, a correlação entre os efeitos maternos e aditivos). Uma correlação aditiva-materna negativa explica por que razão a seleção em caraterísticas sujeitas a influência materna pode ser ineficaz (Baker, 1980).

2.10. Medidas corporais de vacas de carne

Tal como no caso dos bovinos leiteiros, é extremamente importante conhecer também as medidas corporais dos bovinos de carne. A medida do corpo permite-nos tirar conclusões sobre a proporcionalidade e a maturidade, mas está também relacionada com outras caraterísticas (como o peso vivo). O julgamento do frame size, ou seja, a medida do corpo comparada com a medida média dos animais da mesma raça, sexo e idade, também se baseia nas medidas do corpo mensuráveis (Brem, 1998); assim, para além das utilizações acima referidas, as medidas do corpo também podem servir como importantes considerações selectivas. Com base na conformação, a produção de carne de bovino pode ser melhor estimada do que outras propriedades de produção. Segundo Wilson (1996), a correlação entre o peso vivo do animal adulto e a altura da garupa é de 0,80.

Wollert et al. (1987) compararam as medidas corporais de 4 genótipos no 1º e 3º parto. A correlação entre o peso vivo e a altura na cernelha foi de 0,84, entre o peso vivo e a altura na garupa foi de 0,70.

Szabó (1990) comparou 13 medidas corporais de touros húngaros Simmental x Hereford F1 e descendentes de cruzamentos recíprocos no fim da engorda. As medidas corporais dos touros húngaros Simmental x Hereford F1 eram em muitos casos maiores do que as dos recíprocos; a diferença na altura do garrote era de 5,4 cm, na largura do peito era de 11,1 cm. No entanto, não encontrou diferenças significativas nos índices de medidas corporais.

No que diz respeito à formação do tipo de bovinos de carne, vários autores (Balika, 1990; Bodó et al., 1997; Arango et al., 2004a) salientam o facto de, nos nossos dias, os criadores se concentrarem em aumentar especialmente o tamanho do dorso, dos lombos e da alcatra, bem como em alongar o tronco. Esta intenção de criação aumentará, a longo prazo, o peso vivo do animal adulto, bem como a altura da cernelha (Tözsér et al., 2001). Embora estejam a ser difundidos novos métodos, como o fotométrico (Mészáros, 1977) e a aplicação da tecnologia vídeo (Bodó et al., 1997; Kmet et al., 2000; T6zsér et al., 2000c; e Kühn et al., 2002), continuam a ser utilizados os instrumentos de medição tradicionais (fita métrica, fita métrica, bússolas) para medir o corpo.

A literatura sobre medidas corporais revela que existem muito poucos estudos comparativos sobre as várias raças de bovinos de carne. Os dados publicados são maioritariamente provenientes de livros técnicos e referem-se a animais mantidos em vários locais e em várias alturas (Bene et al., 2007).

Com base no que precede, o objetivo do estudo consistiu em tirar algumas medidas corporais com métodos tradicionais, para comparar as medidas corporais e os índices de medidas corporais de algumas raças de bovinos de carne. Os exames foram possíveis graças às investigações efectuadas na Hungria, em Keszthely, onde várias raças de bovinos de carne foram submetidas às mesmas circunstâncias durante anos (Bene et al., 2007).

CAPÍTULO 3

3. MATERIAIS E MÉTODOS

3.1. Descrição da associação de explorações agrícolas

Foi efectuado um estudo na Hungria com base em dados da associação de explorações de gado da raça Simmental. A Associação de Criadores de Gado Simmental Húngaro coordenava 1383 explorações pecuárias, nas quais o número de bovinos registados era de 27875, 889 das quais mantinham 14877 vacas ordenhadas (com dupla utilização), enquanto 494 explorações mantinham 12998 vacas não ordenhadas (gado de carne). A organização da criação do gado Simmental Húngaro, o seu desenvolvimento genético e a representação internacional eram geridos pela Associação dos Criadores de Gado Simmental Húngaro, cujo número de membros era de 1462. Os dados utilizados neste estudo foram retirados de 494 explorações de bovinos de carne (12998 bovinos de carne) e de 889 explorações de bovinos leiteiros (14877 vacas ordenhadas (dupla utilização)) da base de dados de registo da associação de criadores de bovinos da raça Simmental.

3.2. Métodos de recolha de dados

Os dados foram fornecidos pela Associação da Raça Simmental Húngara. As caraterísticas de crescimento analisadas incluíram a facilidade de parto (CE score), o peso à nascença (BW kg), o peso ao desmame (WW kg), a idade ao desmame (WA day), o peso aos 205 dias (205W kg) e o ganho médio diário (ADG g). A avaliação incluiu os dados de 6552 bovinos (1479 touros e 5073 novilhas) de caraterísticas de crescimento. O tamanho da amostra de pedigree foi de 6552. Os dados sobre caraterísticas de crescimento do Simmental húngaro foram recolhidos de 1999 a 2011. As caraterísticas de informação do pedigree também foram incluídas para o cálculo de heritabilidade e correlações.

Foram efectuadas cinco medições lineares do corpo e dez índices de condição corporal. As medidas lineares do corpo incluíram a altura da anca (HH cm), o comprimento da anca (HL cm), a largura da anca (HW cm), o comprimento do corpo (BL cm) e a profundidade do corpo (BD cm). Os índices de condição corporal incluíam o músculo da coxa, o músculo da espádua, o ângulo da alcatra, a perna traseira, os estribos, a profundidade do úbere, a forma dos tetos, a musculatura, o pé e o úbere. Os efeitos incluídos no modelo para a análise das medidas corporais lineares e dos índices de condição corporal foram o ano de nascimento (9 classes) e o mês de nascimento (12 classes). A avaliação incluiu 258 vacas com medidas corporais e índices de condição corporal. As medidas corporais lineares e os escores de condição corporal foram obtidos no período de 2001 a 2009.

3.3. Análise estatística

Foram efectuadas análises de variância para as caraterísticas de crescimento de bovinos da raça Hungarian Simmental, a fim de avaliar os efeitos ambientais no desempenho da carne, utilizando o modelo linear generalizado (GLM) do programa de software R. As análises preliminares examinaram as proporções relativas de variação que foram contabilizadas por vários efeitos fixos para estabelecer o modelo mais adequado para descrever os dados. Os efeitos incluídos no modelo para a análise das caraterísticas de crescimento foram o sexo (2 classes), o ano de nascimento (13 classes), o mês de nascimento (12 classes) e a exploração (8 classes). Utilizou-se o programa R para a análise de variância e médias dos mínimos quadrados ($\pm$s.e), o programa PEST para a codificação dos ficheiros de dados e de pedigree e o programa VCE6 para o cálculo das hereditariedades e correlações. Os valores dos parâmetros foram estimados com o modelo animal.

$y = Xb + Zn + Wu + e$

Onde: y = vetor das caraterísticas de observação; b = vetor dos efeitos fixos; n = vetor dos efeitos aleatórios; u = vetor do efeito permanente materno; e = vetor do efeito residual aleatório; X = matriz dos efeitos fixos; Z = matriz dos efeitos aleatórios; W = matriz do efeito permanente materno. No caso da avaliação através de um modelo animal, os efeitos fixos foram o sexo, a exploração, o ano e o mês. No caso do peso à desmama, a idade à desmama foi um efeito fixo. A barragem e o animal foram efeitos aleatórios.

O programa estatístico SAS 9.1 e os programas Excel XP foram utilizados para a análise dos dados relativos às medidas lineares do corpo e aos índices de condição corporal.

MODELO

Foi utilizado o seguinte modelo:

$Y = XB + Za + e$,

em que y era o vetor de observações para as medidas corporais lineares e para os índices de condição corporal; β era o vetor dos efeitos fixos para o ano e o mês; a era o vetor do efeito genético aditivo aleatório; e era um vetor de resíduos aleatórios; e X e Z eram matrizes de incidência que atribuíam observações aos efeitos.

CAPÍTULO 4

4. RESULTADOS E DISCUSSÃO

4.1. Resultados globais das caraterísticas de crescimento dos bovinos da raça Simmental húngara

Os valores médios de CE, PV, WW, WA, ADG e 205W foram 1.41 score, 32.9 kg, 211 kg, 224 dia, 1102 gm e 234 kg respetivamente. De acordo com as conclusões de Bene et al (2010), a média geral de peso vivo dos vitelos Hungarian Simmental foi de 217 kg, o ganho diário pré-desmame (PDG) de 1,01 kg/dia, o 205-DW de 242 kg e o WA de 181 dias. Estes valores eram mais elevados do que os valores actuais, exceto o PDG e o WA. Com base nas conclusões de Bene et al (2010), os valores máximos e mínimos de WW, PDG, 205W e WA de bovinos da raça Hungarian Simmental foram de 435 kg, 1750 g, 390 kg, 301 dias e 100 kg, 327 g, 100 kg e 80 dias, respetivamente. Perisic et al (2009) encontraram que o PC, o PC aos 200 dias, o PC aos 365 dias e o ADG de touros jovens da raça Simmental da Suécia eram de 48 kg, 342 kg, 610 kg e 1348 g, respetivamente. De acordo com os resultados de Hailu Dadi et al (2003) sobre as caraterísticas de crescimento num efetivo de bovinos de carne de várias raças, os valores médios do peso à nascença, do peso ao desmame e do ganho médio diário foram de 35,8 kg, 192 kg e 0,75 kg, respetivamente. A raça simental húngara apresentou valores inferiores aos dos jovens touros simentais suecos, mas valores superiores aos do efetivo bovino de várias raças (Quadro 1).

Quadro 5. Resultados globais das caraterísticas de crescimento do gado Simmental húngaro

Traits	N	mean	Sd	CV(%)	SE	Max	Min
CE(score)	6552	1.41	0.76	53.9	0.02	3	1
BW(kg)	5856	32.9	4.75	14.5	0.1	64	20
WW(kg)	6439	211	41.5	19.7	0.83	345	50
WA(day)	6552	224	225	100	4.45	3061	12
205W(kg)	6544	234	48	20.5	0.95	403	35
ADG(g)	6552	1102	308	28	6,10	9167	36

CE, facilidade de parto; BW, peso ao nascer; WW, peso ao desmame; WA, idade ao desmame; 205W, peso ao 205° dia; ADG, ganho médio diário.

4.2. Resultados globais das medições lineares do corpo e dos índices de condição corporal de vacas da raça Simmental húngara

Os resultados globais das medições e das classificações corporais do Simmental húngaro são apresentados no Quadro 1. A média de HH das vacas foi de 140,45 cm, a média de HL foi de 53,19cm, a média de HW foi de 54,85cm, a média de BL foi de 82,7cm, a média de BD foi de 72,93cm, a média de TM foi de 5,07 pontos, a média de SM foi de 4,69 pontos, a média de RA foi de 5.45, RL de 5,49, UD de 6,86, TF de 6,34, musculatura de 5,07, pé de 5,70 e úbere de 6,56. De acordo com as conclusões de BENE et al. (2007), os resultados médios das medições corporais da média do comprimento corporal, do comprimento médio da alcatra e da largura média da alcatra do Hungarian Simmental foram de 138,5 cm, 43,6 cm e 51,8 cm, respetivamente. Os valores máximo e mínimo foram também 148 cm, 54 cm, 58 cm e 124 cm, 37 cm, 54 cm, respetivamente. Os valores médios, máximos e mínimos actuais das medidas corporais foram superiores aos valores de BENE et al. (2007), exceto os valores do comprimento corporal.

Quadro 6. Resultados globais das medições lineares do corpo e dos índices de condição corporal das vacas Hungarian Simmental

Traits	N	Mean	Sd	CV%	SE	Max	Min
HH	258	140.45	4.12	3	0.26	154	130
HL	258	53.19	2.56	5	0.16	60	47
HW	258	54.85	2.90	5	0.18	65	47
BL	258	82.70	4.67	6	0.29	95	69
BD	257	72.93	3.89	5	0.24	83	55
TM	258	5.07	1.26	25	0.08	9	2
SM	254	4.69	1.06	23	0.07	7	2
RA	254	5.45	0.99	18	0.06	9	3
RL	254	5.49	0.92	17	0.06	8	3
PA	254	6.50	1.21	19	0.08	9	4
UD	254	6.86	1.39	20	0.09	9	2
TF	254	6.34	1.63	26	0.10	9	2
MS	254	5.07	1.22	24	0.08	8	2
FT	254	5.70	1.21	21	0.08	9	2
ÚR	254	6.56	1.29	20	0.08	9	2

HH, Altura da Anca; HL, Comprimento da Anca; HW, Largura da Anca; BL, Comprimento do Corpo; BD, Profundidade do Corpo; TM, Músculo da Coxa; SM, Músculo da Espádua; RA, Ângulo da Alcatra, RL, Perna Traseira; PA, Pés; UD, Profundidade do Úbere; TF, Forma da Teta; MS, Muscularidade; FT, Pé; UR, Úbere.

4.3. Análise de variância para os factores que afectam o desempenho do crescimento

O sexo influenciou significativamente (P<0.001) o WW, WA, 205W e ADG. O ano de nascimento do bezerro afetou significativamente (P<0.001) a EC, PV, PV, WA, 205W, ADG e PV. O mês de nascimento do bezerro influenciou significativamente (p<0,001) a EC, PV e PV. O mês de nascimento e o sexo do bezerro influenciaram significativamente (p<0,05) a EC, PC, 205W e ADG. A exploração agrícola afectou significativamente (P<0,001) a EC, PC, CA, 205W, ADG e WW (Tabela 2).

Tabela 7. Análise de variância para os factores que afectam o desempenho do crescimento

Traits	sources of varation	Df	MS	F values	Pr(F)
CE	Year	12	32.0	74.4	< .0001
	Month	11	4.61	8.23	0.0002
	Sex	1	101	187	0.0044
	Farm	7	55.3	129	< .0001
BW	Year	12	216	10.0	< .0001
	Month	11	713	37.2	< .0001
	Sex	1	313	13.9	0.0303
	Farm	7	411	411	< .0001
WW	Year	12	14298	8.59	< .0001
	Month	11	32817	20.7	< .0001
	Sex	1	136710	81.8	< .0001
	Farm	7	220924	199	< .0001
WA	Year	12	3765435	89	< .0001
	Month	11	115278	1.94	0.0002
	Sex	1	1378309	23.4	< .0001
	Farm	7	519361	8.87	< .0001
205W	Year	12	28180	12.6	< .0001
	Month	11	38379	17.5	0.0145
	Sex	1	735670	357	< .0001
	Farm	7	294545	190	< .0001
ADG	Year	12	1610189	18.3	< .0001
	Month	11	799971	8.69	0.0043
	Sex	1	20978366	241	< .0001

Fazenda 7 4047632 48.1 < .0001 CE, facilidade de parto; BW, peso ao nascer; WW, peso ao desmame; WA, idade ao desmame; 205W, peso aos 205 dias; ADG, ganho médio diário.

4.4. Análise de variância para os factores que afectam as medidas corporais lineares e os índices de condição corporal

O ano de nascimento afectou significativamente a HL, HW, BL, BD e UD (P<0,001) e UN (P<0,05). O mês de nascimento influenciou significativamente HL e BD (P<0,05). O ano de nascimento não afectou significativamente HH, TM, SM, RA, RL, PA, TF, MS, FT e UN (p>0,05). O mês de nascimento não afectou significativamente HH, HW, BL, TM, SM, RA, RL, PA, UD, TF, MS, FT e UN (p>0,05) (Tabela 2).

Tabela 8. Análise de variância para os factores que afectam as medidas lineares do corpo e os índices de condição corporal

Traits	**sources of varation**	**Df**	**MS**	**F values**	**Pr(F)**
HH	Year	8	31.69	1.91	0.0596
	Month	11	10.01	0.60	0.8256
HL	Year	8	41.62	8.53	<.0001
	Month	11	11.85	2.43	0.0069
HW	Year	8	37.39	5.20	<.0001
	Month	11	10.88	1.51	0.1275
BL	Year	8	117.59	6.63	<.0001
	Month	11	27.24	1.54	0.1192
BD	Year	8	83.02	6.96	<.0001
	Month	11	26.17	2.20	0.0154
TM	Year	8	1.27	0.80	0.6052
	Month	11	1.29	0.81	0.6345
SM	Year	8	1.03	0.92	0.4996
	Month	11	1.14	1.02	0.4320
RA	Year	8	1.77	1.87	0.0650
	Month	11	1.58	1.67	0.0807
RL	Year	8	0.75	0.86	0.5476
	Month	11	0.62	0.71	0.7249
PA	Year	8	2.52	1.78	0.0818
	Month	11	1.02	0.72	0.7222
UD	Year	8	7.18	4.24	<.0001
	Month	11	1.44	0.85	0.5881
TF	Year	8	2.67	1.00	0.4365

	Month	11	2.16	0.81	0.6308
MS	Year	8	1.12	0.75	0.6478
	Month	11	1.52	1.02	0.4292
FT	Year	8	0.83	0.57	0.8027
	Month	11	1.99	1.36	0.1923
UN	Year	8	4.26	2.83	0.0051
	Month	11	1.54	1.02	0.4277

HH, Altura da Anca; HL, Comprimento da Anca; HW, Largura da Anca; BL, Comprimento do Corpo; BD, Profundidade do Corpo; TM, Músculo da Coxa; SM, Músculo da Espádua; RA, Ângulo da Alcatra; RL, Perna Traseira; PA, Pés; UD, Profundidade do Úbere; TF, Forma da Teta; MS, Muscularidade; FT, Pé; UR, Úbere.

4.5. Médias dos mínimos quadrados (±e.p.) dos traços de crescimento

CE, BW, WW, WA, ADG e foram significativamente diferentes entre os anos de nascimento. Em 2007, 2008 e 2009 os vitelos nasceram à vontade com assistência. Nos restantes anos os vitelos nasceram à vontade, sem necessidade de assistência. O desempenho máximo e fraco do PV foi em 2003 (34.8±0.72) e em 1999 (27±1) respetivamente. O bom e o mau desempenho do peso vivo foram em 1999 (242±2.50) e em 2010 (198±1.65), respetivamente. A CE, o PV, o PV, a CA, o GDA e o GDA foram significativamente diferentes entre os meses de nascimento. Os valores máximo e mínimo do PC médio (37,9 kg) e (30,6 kg) foram registados em janeiro e novembro, respetivamente. Com exceção de junho e fevereiro, os restantes meses foram bons para a facilidade de parto, tendo os vitelos nascido com facilidade, sem necessidade de assistência. Houve uma diferença significativa no peso corporal entre os sexos, em que os bezerros machos pesavam mais ao nascimento do que as fêmeas. Os pesos entre os sexos foram significativamente diferentes, sendo que os bezerros machos tendem a pesar mais ao desmame do que as fêmeas, mas os machos têm menos peso ao nascer do que as fêmeas. O ADG e 205W dos machos é maior do que o das fêmeas. A facilidade de parto, peso ao nascer, peso ao desmame, idade ao desmame, peso aos 205 dias e ganho médio diário foram significativamente diferentes entre as fazendas (Tabela 3).

Tabela 9. Médias dos mínimos quadrados (±e.p.) das caraterísticas de crescimento por ano de nascimento, mês de nascimento, sexo e exploração

Effects	Traits					
Birth Years	**CE (score)**	**BW (kg)**	**WW (kg)**	**WA (kg)**	**205W (kg)**	**ADG (g)**
1999	1.50±0.50	27.0±1.00	242±2.50	195±16.0	268±29.5	1251±90.0

2000	1.00±0.00	30.4±0.20	200±5.12	191±6.02	218±4.80	1039±23.2
2001	1.00±0.00	29.9±0.68	218±3.83	1124±210	259±11.3	612±99.3
2002	1.03±0.03	31.5±0.50	217±5.00	786±112	244±6.37	787±62.8
2003	1.21±0.05	34.8±0.72	218±4.88	194±3.52	233±4.75	1129±21.1
2004	1.08±0.03	34.6±0.54	221±3.10	187±4.12	268 ±4.48	1223±18.7
2005	1.03±0.01	31.6±0.33	219±2.46	283±21	236±3.29	1031±20.7
2006	1.18±0.04	31.9±0.31	214±2.48	208±3.39	229±3.34	1063±15.0
2007	1.82±0.07	33.6±0.29	217±2.59	203±3.28	234±3.51	1110±17.4
2008	1.69±0.05	33.6±0.22	202±2.49	190±2.03	226±2.61	1100±24.1
2009	2.18±0.06	31.7±0.21	212±2.55	184±2.23	244±3.05	1175±15.4
2010	1.23±0.02	32.3±0.23	198±1.65	185±2.07	221±1.62	1092±9.28
2011	1.13±0.02	33.6±0.25	218±2.03	190±1.38	234±1.99	1142±11.3
Birth Months						
January	1.36±0.05	37.9±0.45	213±3.06	221±16.1	229±3.13	1076±17.9
February	1.56±0.05	34±0.31	223±2.04	211±7.80	240±2.31	1133±12.8
March	1.46±0.04	32.4±0.18	222±1.54	240±11.9	243±1.86	1131±12.1
April	1.43±0.04	32.0±0.20	210±1.68	225±13.0	238±2.28	1110±13.0
May	1.39±0.04	31.9±0.18	215±2.38	204±8.72	241±2.82	1147±13.5
June	1.58±0.05	31.8±0.23	198±2.55	209±16.84	236±3.73	1133±37.7
July	1.36±0.07	30.6±0.30	197±4.24	285±40.5	220±5.09	998±28.0
August	1.13±0.04	34.9±0.51	216±4.36	265±28.0	224±3.78	1024±22.6
September	1.14±0.05	36.7±0.61	191±4.48	190±17.5	227±4.12	1108±26.3
October	1.26±0.11	31.1±0.52	181±8.25	189±9.36	199±6.94	979±33.7
November	1.09±0.04	30.6±0.21	185±3.68	202±10.9	195.±3.73	953±17.6
December	1.02±0.02	31.5±0.45	179±8.30	205±10.1	187±6.51	909±30.2
Sexs						
Male	1.78±0.04	33.6±0.18	225±1.38	181±1.41	265±1.96	1270±9.49
Female	1.30±0.02	32.7±0.11	207±0.97	236±6.21	225±1.01	1051±7.12
Farms						
467346	1.02±0.01	28.0±0.02	245±1.64	206±1.26	251±1.80	1199±7.37
480714	1.58±0.08	35.0±0.26	142±3.84	217±29.8	163±4.01	910±66.7
515225	1.18±0.02	39.5±0.24	212±1.80	192±0.88	231±1.57	1105±7.78
970325	2.03±0.07	33.1±0.32	192±2.02	177±2.10	226±2.22	1095±10.5
993449	1.06±0.01	30.9±0.12	184±2.42	200±3.60	198±2.29	952±12.0

1466726	1.88±0.04	33.2±0.11	216±0.95	236±12.2	61.9±1.68	1203±10.8
3040414	1.19±0.03	31.7±0.23	236±2.17	317±24.6	244±2.33	1065±21.9
4790723	1.00±0.00	30.1±0.05	193±2.70	214±3.80	197±2.71	937±14.0

CE, facilidade de parto; BW, peso ao nascer; WW, peso ao desmame; WA, idade ao desmame; 205W, peso aos 205 dias; ADG, ganho médio diário.

4.5. Estimativas de hereditariedade, correlações genéticas e correlações morfológicas entre as caraterísticas de crescimento

Os valores de hereditariedade estimados para o peso vivo, peso vivo, ganho médio diário e peso aos 205 dias foram de 0,15, 0,26, 0,31, 0,16 e 0,25, respetivamente. Os valores do peso ao desmame, ganho médio diário e peso aos 205 dias foram inferiores aos resultados de Bene et al (2010), a hereditariedade direta do peso ao desmame, peso diário antes do desmame e peso aos 205 dias h^2 d = 0.40, 0.42 e 0.37 respetivamente, mas superior aos resultados de Lengyel et al (2003) (h^2 d = 0.10, 0.13 e 0.14 respetivamente). De acordo com os resultados da Canadian Simmental Association (2014), os valores de hereditariedade do peso ao nascer, peso ao desmame e facilidade de parto da raça Canadian Simmental foram de 0,04, 0,23 e 0,18, respetivamente, valores superiores aos deste trabalho.

A correlação genética entre o peso ao desmame, o peso ao nascer, o ganho médio diário e o peso aos 205 dias foi positiva, mas a correlação com a facilidade de parto foi negativa. O peso ao desmame teve uma forte correlação genética com o ganho médio diário e o peso aos 205 dias. A facilidade de parto também teve uma correlação genética negativa com o peso aos 205 dias. O peso ao nascer teve uma correlação genética fraca com todas as outras caraterísticas. O ganho médio diário teve uma forte correlação genética com o peso ao desmame e o peso aos 205 dias. Os resultados de M van Niekerk e F W C Neser (2006) mostraram que, no gado Limousine, a correlação genética entre o peso à nascença e o peso ao desmame, o peso à nascença e o peso anual, o peso ao desmame e o peso anual era de 0,42, 0,37 e 0,99, respetivamente. De acordo com os resultados de F W C Neserl et al (2012) sobre caraterísticas de crescimento em bovinos Brangus, a correlação genética entre o peso à nascença e o peso ao desmame, o peso à nascença e o peso anual, e o peso ao desmame versus o peso anual foi de 0,78, 0,75 e 0,86, respetivamente. O resultado recente apresentou valores de correlação genética inferiores aos valores do gado Limousine e do gado Brangus.

A correlação fenotípica entre o peso ao desmame e a facilidade de parto foi negativa, mas com o ganho médio diário e o peso aos 205 dias houve uma forte correlação positiva. A facilidade de parto também teve correlação genética negativa com o peso aos 205 dias. O peso ao desmame teve uma forte correlação genética com o ganho médio diário e o peso aos 205 dias. O peso ao nascer teve uma correlação fenotípica fraca com todas as outras caraterísticas. O ganho médio diário teve uma forte correlação fenotípica com o peso ao desmame e o peso aos 205 dias. Os resultados de M van Niekerk e F W C Neser (2006) mostraram que, no gado Limousine, a correlação fenotípica entre o peso à nascença e o peso ao desmame, o peso à nascença e o peso anual, o peso ao desmame e o peso anual foi de 0,16, 0,14 e 0,52, respetivamente, e apresentou valores mais elevados do que os valores do presente estudo.

Tabela 10. Parâmetros genéticos (heritablidades na diagonal, correlações genéticas acima da diagonal e correlações fenotípicas abaixo da diagonal)

Traits	WW	CE	BW	ADG	205W
WW (kg)	**0.26**	-0.003	0.22	0.98	0.87
CE (score)	-0.004	**0.15**	0.03	0.02	-0.02
BW (kg)	0.08	0.08	**0.16**	0.18	0.24
ADG (g)	0.97	0.007	0.07	**0.31**	0.79
205W (kg)	0.88	-0.01	0.05	0.83	**0.25**

WW, weaning weight; CE, calving ease; BW, birth weight; ADG, average daily gain; 205W, 205 days weight.

4.6 Correlações entre as medidas lineares do corpo e os índices de condição corporal das vacas da raça Simental húngara

As correlações entre as medições e as pontuações das vacas Simmental húngaras são apresentadas no quadro 3. As correlações entre as medidas e as pontuações das vacas Simmental húngaras foram positivas e negativas. A relação entre o músculo da coxa e a altura da anca, o comprimento da anca e a profundidade do corpo estava correlacionada positivamente e a relação entre o músculo da coxa e a largura da anca e a profundidade do corpo estava moderadamente correlacionada positivamente. O músculo do ombro e a altura da anca, o comprimento da anca, o comprimento do corpo e a profundidade do corpo estavam positivamente correlacionados e a largura da anca estava moderadamente correlacionada positivamente. O ângulo da anca e a altura da anca, o comprimento da anca, a largura da anca, o comprimento do corpo e a profundidade do corpo estavam positivamente correlacionados. A relação da perna traseira com a altura da anca, o comprimento da anca, a largura da anca, o comprimento do corpo e a profundidade do corpo foi fracamente positiva. A correlação entre os membros posteriores e a altura da anca, o comprimento da anca, a largura da anca e a profundidade do corpo é fraca mas positiva, mas a correlação com o comprimento do corpo é negativa. A relação entre a profundidade do úbere e o comprimento da anca, a largura da anca e o comprimento do corpo foi negativa e a relação com a altura da anca e o comprimento do corpo foi positiva. A forma das tetinas foi correlacionada positivamente com a altura da anca, o comprimento da anca, a largura da anca e a profundidade do corpo, mas negativamente com o comprimento do corpo. A musculatura e o pé foram correlacionados positivamente com a altura da anca, o comprimento da anca, a largura da anca, o comprimento do corpo e a profundidade do corpo. A relação do úbere com a altura da anca, o comprimento da anca, a largura da anca e a profundidade do corpo foi positiva, mas com o comprimento do corpo foi negativa.

Quadro 11: Correlações entre as medidas lineares do corpo e as classificações da condição corporal das vacas Simmental húngaras

	Measurements				
Scores	HH	HL	HW	BL	BD
Tigh Muscle	0.122	0.243	0.340	0.254	0.293
Shoulder Muscle	0.121	0.225	0.342	0.151	0.270
Rump Angle	0.073	0.118	0.026	0.176	0.140
Rear Leg	0.012	0.031	0.015	0.154	0.136
Pasterns	0.059	0.019	0.048	-0.023	0.011
Udder Depth	0.012	-0.139	-0.075	0.035	-0.142
Teat Form	0.066	0.169	0.087	-0.068	0.120
Muscularity	0.121	0.240	0.338	0.246	0.291
Foot	0.104	0.084	0.186	0.155	0.061
Udder	0.082	0.026	0.042	0.051	0.030

HH, Altura da Anca; HL, Comprimento da Anca; HW, Largura da Anca; BL, Comprimento do Corpo; BD, Profundidade do Corpo.

CAPÍTULO 5

5. CONCLUSÕES

As estimativas dos parâmetros genéticos são necessárias para a implementação de programas de criação e para a avaliação do progresso dos programas em curso. Este estudo revela que os valores médios globais da raça de bovinos simmental húngara foram inferiores aos de estudos anteriores. A raça simmental húngara apresentou valores inferiores aos dos jovens touros simmentais suecos, mas valores superiores aos do efetivo bovino de várias raças. Todos os valores de hereditariedade foram moderados ($0,2<h^2<0,4$) exceto o peso ao nascer que foi baixo ($h^2<0,2$). A correlação genética entre peso ao desmame e ganho médio diário (r=0,98) foi muito forte; a correlação genética entre peso ao desmame e peso aos 205 dias (r=0,87) foi forte; a correlação genética entre facilidade de parto e peso ao nascer (r=0,03) e peso ao nascer e peso aos 205 dias (r=0,24) foi baixa. A correlação fenotípica entre o peso à desmama e o ganho médio diário (r=0,97) foi muito forte; a correlação fenotípica entre o peso à desmama e o peso aos 205 dias (r=0,88) e o ganho médio diário e o peso aos 205 dias (r=0,83) foi forte; a correlação fenotípica entre a facilidade de parto e o peso ao nascer (=0,08) foi baixa. Assim, este estudo poderá ser utilizado na avaliação genética nacional da raça e no desenvolvimento de objectivos de seleção.

Em geral, as medidas lineares do corpo foram correlacionadas negativa e positivamente com os índices de condição corporal. O índice de condição corporal satisfaz todos os critérios necessários para a melhoria indireta da saúde e da fertilidade. Também conclui e recomenda que as medidas lineares do corpo devem ser necessárias para considerar a sua contribuição para a previsão do desempenho dos bovinos em programas de melhoramento para a produção comercial.

CAPÍTULO 6

6. RESUMO

Foi realizado um estudo na Hungria com o objetivo de avaliar as caraterísticas de crescimento do gado Simmental húngaro, estimar os parâmetros genéticos e avaliar a relação entre as medidas lineares do corpo e os índices de condição corporal da raça Simmental húngara. Foram avaliados a facilidade de parto, o peso à nascença, o peso ao desmame, a idade ao desmame, o peso aos 205 dias e o ganho médio diário dos vitelos da raça Hungarian Simmental (n=6552, touros=1479 , novilhas=5073). Os efeitos incluídos no modelo para a análise das caraterísticas de crescimento foram o sexo (2 classes), o ano de nascimento (13 classes), o mês de nascimento (12 classes) e a exploração (8 classes). O programa R foi utilizado para calcular a análise de variância e as médias dos mínimos quadrados; o programa PEST foi utilizado para a codificação dos ficheiros de dados e dos ficheiros de pedigree e o programa VCE6 foi utilizado para calcular as hereditariedades e as correlações. O sexo, o ano, o mês e a exploração influenciaram significativamente a EC, o PC, o peso vivo, o peso corporal, o peso corporal, o peso corporal e o peso médio ponderal ($P<0,001$). O mês de nascimento e o sexo do bezerro influenciaram significativamente ($p<0.05$) a EC, PC, 205W e ADG. As hereditariedades estimadas para o peso ao desmame, peso ao nascer, peso ao nascer e peso ao nascer foram 0.26, 0.16, 0.31 e 0.25, respetivamente. A correlação genética entre o peso ao desmame, o peso ao nascimento, o ganho médio diário e o peso aos 205 dias foi positiva, mas a correlação com a facilidade de parto foi negativa. O peso ao desmame teve uma forte correlação genética com o ganho médio diário (r=0,98). A facilidade de parto também teve uma correlação genética negativa com o peso aos 205 dias (r=-0,02). A correlação fenotípica entre o ganho médio diário e o peso aos 205 dias foi forte (0,79).

As medições lineares do corpo permitem a deteção de alterações que ocorrem no efetivo ou na raça mais cedo do que podem ser detectadas visualmente. Por conseguinte, uma medição corporal quantifica a alteração do desempenho do animal ao longo do tempo. Foram efectuadas cinco medições corporais lineares e dez índices de condição corporal. A avaliação incluiu 258 vacas com medidas corporais e índices de condição corporal. As medições lineares do corpo e as pontuações da condição corporal foram efectuadas no período de 2010 a 2012. O programa estatístico SAS 9.1 e o programa Excel XP foram utilizados para a análise dos dados. Os valores médios da altura da anca, do comprimento da anca, da largura da anca e do comprimento do corpo foram de 140,45 cm, 53,19 cm, 54,85 cm e 82,70 cm. O ano de nascimento afectou significativamente a HL, HW, BL, BD e UD (P<0,001) e UN (P<0,05). O mês de nascimento influenciou significativamente a CC e a DC (P<0,05). As correlações entre as medidas lineares do corpo e os índices de condição corporal das vacas Hungarian Simmental foram positivas e negativas.

CAPÍTULO 7

7. REFERÊNCIAS

Albuquerque, L. G. e Meyer, K. 2001. Estimativas de funções de covariância para o crescimento do nascimento aos 630 dias de idade em bovinos da raça Nelore. Journal of Animal Science. 79: 2776- 2789.

Arango, J. A.; Cundiff, L. V.; Van Vleck, L. D. 2002a. Parâmetros genéticos para o peso, peso ajustado para o índice de condição corporal, altura e índice de condição corporal em vacas de carne. J. Anim. Sci. 80: 3112-3122

Arthur, P. F., Hearnshaw, H., Kohun, P. J. e Barlow, R. 1994. Evaluation of Bos indicus and Bos taurus straight-breds and crosses. III. Efeitos genéticos diretos e maternos nas caraterísticas de crescimento. Australian Journal of Agricultural Research. 45: 807-818.

Aziz, M. A., Schoeman, S. J. e Jordaan, G. F. 2002. The influence of outliers on a model for the estimation of crossbreeding parameters for weaning weight in a beef cattle herd. South African Journal of Animal Science. 32: 164- 170.

Baker, R. L. 1980. The role of maternal effects on the efficiency of selection in beef cattle-A review. In: Actas da Sociedade Neozelandesa de Produção Animal. 40: 285- 303.

Balika, S. 1990. The type-framing of beef cattle. Liv. and Meat Prod. (A húshasznú szarvasmarha típusformálása. Vágóállat és Hústermelés) 20: 31-34.

Bárdos e Fertö (2006). The Contract Choice of Retailers in Hungarian Beef Setor.

Bodó, I. - Eszes, F. - Gers, I. - Jávorka, L. 1997. Utilização de imagens de vídeo digitalizadas na criação de animais. Universidade Veterinária, Budapeste, Academy ReportMeeting, Secção Genética (Digitalizált video képekalkalmazásaaz állattenyésztésben. Állatorvostudományi Egyetem, Budapeste, Akadémiai Beszámoló Ülés, Genetika szekció).

Bourdon, R. M. 2000. Compreender a criação de animais. 2nd/Ed. Prentice Hall Publishers, Nova Jersey, EUA.

Brem, G/editor/: 1998. Exterieurbeurteilung landwirtschaftlicher Nutztiere. Editora Agrícola,

Budapeste.

Burrow, H. M. 2001. Variâncias e covariâncias entre caraterísticas produtivas e adaptativas e temperamento numa raça composta de bovinos de carne tropicais. Livestock Production Science. 70: 213- 233.

Bwire, W. C. 2006. Avaliação Genética do Crescimento e Desempenho Reprodutivo do Gado Boran do Quénia.

Davis, G. P. 1993. Parâmetros genéticos para bovinos de carne tropicais no norte da Austrália: A review. Australian Journal of Agricultural Research. 44: 179- 198.

Deblitz, C., Buchwald, J., Balliet, U., Rump, M. 1992. Utilização rentável de pastagens extensivas. Tierzuchter, 44, 4, 26-29.

Demeke, S., Neser, F. W. C. e Schoeman, S. J. 2003. Componentes de variância e parâmetros genéticos para caraterísticas de crescimento precoce numa população mista de Bos indicus de raça pura e gado cruzado. Livestock Production Science. 84: 11- 21.

Dickerson, G. E. 1962. Implicações da interação genético-ambiental na criação de animais. Animal Production 4, 47-63.

Ebangi, A. L., Erasmus, G. J., Neser, F. W. C. e Tawah, C. L. 2000. Genetic trends for growth in the Gudali and Wakwa cattle breeds of Cameroon (Tendências genéticas para o crescimento nas raças bovinas Gudali e Wakwa dos Camarões). South African Journal of Animal Science. 30: 36- 37.

Falconer, D. S. e Mackay, T. F. C. 1996. Introdução à Genética Quantitativa. 4a/Ed. Grupo Longman, Inglaterra.

Füller, I. 2010. Desenvolvimento da seleção para caraterísticas de produção de carne de bovino na raça de gado Simmental húngaro.

Gaughan, J. B., Mader, T. L., Holt, S. M., Josey, M. J. e Rowan, K. J. 1999. Heat tolerance of Boran and Tuli crossbred steers. Journal of Animal Science. 77: 2398- 2405.

Gilmour, A. R., Cullis, B. R., Welham, S. J. e Thompson, R. 2001. Manual de referência ASREML. NSW Agriculture.

Graser, H.-U., Niebel, E. & Fewson, D. 1985. Cálculos de modelos para o planeamento ótimo de testes de desempenho de bovinos, utilizando como exemplo uma população alemã de bovinos de dupla finalidade. Livestock Production Science 13, 229-250.

Groen, A. F., Steine, T., Colleau, J.-J., Pedersen, J., Pribyl, J. & Reinsch, N. 1997. Economic values in dairy cattle breeding, with special reference to functional traits. Relatório de um grupo de trabalho da EAAP. Livestock Production Science, 49: 1-21.

Haile-Mariam, M. e Kassa-Mersha, H. 1994. Efeitos genéticos e ambientais na idade do primeiro parto e no intervalo entre partos de vacas Boran (Zebu) criadas naturalmente na Etiópia. Animal Production. 58: 329- 334.

Haile-Mariam, M. e Kassa-Mersha, H. 1995. Estimativas de componentes de (co)variância diretos e maternos de caraterísticas de crescimento em bovinos Boran. Journal of Animal Breeding and Genetics. 112: 43- 52.

Hearnshaw, H., Archer, J. A. e Barlow, R. 2002. Evaluation of Hereford and first-cross cows on three pasture systems: cow survival and reasons for disposal under different culling regimes. Livestock Production Science. 75: 183- 197.

Hirooka, H. e Groen, A. F. 1999. Effects of production circumstances on expected responses for growth and carcass traits to selection of bulls in Japan. Journal of Animal Science. 77: 11351143.

Hofgren, D. L. e Schinckel, A. P. 1998. As tendências genéticas dentro de cada rebanho fornecem informações importantes para os criadores. In: Actas do Simpósio do Dia do Suíno, Universidade de Purdue: 185- 187.

Série Técnica ICAR nº 6. 2001. Diretrizes para o registo de carne de bovino: A Synthesis of an ICAR Survey. Em Simlaner, H., Taubert, H. & Kûttner, K. (eds).

Jamrozik, J., Schaeffer, L. R. e Dekkers, J. C. M. 1997. Genetic evaluation of dairy cattle using test day yields and random regression model. Journal of Dairy Science. 80: 1217-1226.

Keane, M. G. e More O'Ferrall, G. J. 1992. Comparação de novilhos Friesian, Canadian Hereford X Friesian e Simmental X Friesian para crescimento e composição da carcaça. Animal Production. 55: 377- 387.

Khombe, C. T., Hayes, J. F. e Wade, K. M. 1995. Estimativa dos efeitos genéticos aditivos diretos e aditivos maternos para o peso ao desmame no gado Mashona do Zimbabué, utilizando um modelo animal individual. Animal Science. 60: 41- 48.

Kilung'o, J. K. e Mghenyi, E. 2001. Marketing and economics of beef production: O passado, o presente e as perspectivas futuras. In: Actas do Workshop das Partes Interessadas da Indústria da Carne de Bovino, Nakuru: 9-26.

Kmet, J.; Sakowski, ZT.; Huba, J.; Peskovicova, D.; Chrenek, J.; Polak, P. 2000. Aplicação da análise de imagens de vídeo na estimativa do valor de abate de touros Simmental vivos. Arch. Tierz, Dummerstorf 43: 411-416

Koch, R. M. 1972. O papel dos efeitos maternos na reprodução animal. VI. Efeitos maternos em bovinos de carne. Journal of Animal Science. 35: 1316- 1323.

Kühn, CH.; Bellmann, O.; Voigt, J.; Wegner, J.; Guiard, V.; Ender, K. 2002. Uma abordagem experimental para estudar os antecedentes genéticos e fisiológicos da transformação de nutrientes em bovinos no que respeita à secreção de nutrientes e ao tipo de acreção. Arq. Tierz, Dummerstorf 45: 317-330

Lengyel Z, Komlosi I, Balika S, Major T, Erdei I, Szabo F. 2003. Resultados da reprodução e do desmame das populações Limousine húngaras. 1. Modelo do reprodutor. Hung J Anim Prod 52, 25-38 [em húngaro]

Lôbo, R. H. B., Madalena, F. E. e Vieira, A. R. 2000. Estimativas médias de parâmetros genéticos para bovinos de corte e leite em regiões tropicais. Animal Breeding Abstracts. 68: 433- 462.

Lynch, M. e Walsh, B. 1998. Genetics and Analysis of Quantitative Traits (Genética e Análise de Caraterísticas Quantitativas). Sinauer Associates Inc, Sunderland, U. S. A.

MacGregory, R. G. e Casey, N. H. 1999. Avaliação do intervalo entre partos e da data do parto como medidas de desempenho reprodutivo num rebanho de bovinos. Livestock Production Science. 57: 181191.

MacGregory, R. G. e Casey, N. H. 2000. The effect of maternal calving date and calving interval on growth performance of beef calves. South African Journal of Animal Science. 30: 70- 75.

Mackinnon, M. J., Meyer, K. e Hetzel, D. J. S. 1991. Variação genética e covariância para crescimento, resistência a parasitas e tolerância ao calor em bovinos tropicais. Livestock Production Science. 27: 105- 122.

Maniatis, N. e Pollott, G. E. 2002. Interações genótipo-ambiente nas caraterísticas do peso do borrego e da composição da carcaça. Animal Science. 75: 3- 14.

Maniatis, N. e Pollott, G. E. 2003. The impact of data structure on genetic (co)variance components of early growth in sheep, estimated using an animal model with maternal effects. Journal of Animal Science. 81: 101- 108.

Mazurovsky, L.Z., Litovchenko V.G. 2001. Criação de um novo tipo de carne de bovino da raça Simmental. Ciências Agrícolas Russas, 9, 39-43.

Mészáros, G.Y. 1977. Novo método para a tomada de medidas corporais de bovinos e análise das propoções corporais. Hung. J. Anim. Prod. (Új módszer a szarvasmarhák testméreteinek felvételére és testarányaik elemzésére. Állattenyésztés és Takarmányozás) 26: 525-532.

Meyer, K. 1992. Variance components due to direct and maternal effects for growth traits of Australian beef cattle. Livestock Production Science. 31: 179- 204.

Meyer, K. 1993. Estimativas de correlações diretas e maternas entre caraterísticas de crescimento em bovinos de carne australianos. Livestock Production Science. 38: 91- 105.

Meyer, K., Carrick, M. J. & Donnelly, B. J. P. 1994. Genetic parameters for milk production of Australian beef cows and weaning weight of their calves. Journal of Animal Science 72, 1155-1165.

Meyer, K. 2000. Regressões aleatórias para modelar a variação fenotípica nos pesos mensais de vacas de carne australianas. Livestock Production Science. 65: 19-38.

Mrode, R. A. 2005. Modelos Lineares para a Previsão de Valores de Reprodução Animal. 2nd/Ed. CAB International publishing, Oxon, UK.

Musani, S. K. e Mayer, M. 1997. Genetic and environmental trends in a large scale commercial Jersey herd in the central Rift Valley, Kenya. Tropical Animal Health and Production. 29: 108-116.

Newman, S. e Coffey, S. G. 1999. Genetic Aspects of Cattle Adaptation in the Tropics (Aspectos Genéticos da Adaptação do Gado nos Trópicos). Publicações CAB.

Nobre, P. R. C., Misztal, I., Tsuruta, S., Bertrand, J. K., Silva, L. O. C. e Lopes, P. S. 2003b. Avaliação genética do crescimento em bovinos da raça Nelore através de modelos de regressão aleatória e de caraterísticas múltiplas. Journal of Animal Science. 81: 927-932.

Pariacote, F., Van Vleck, L. D. e Hunsley, R. E. 1998. Parâmetros genéticos e fenotípicos para caraterísticas de carcaça de bovinos de corte American Shorthorn. Journal of Animal Science. 76: 2584- 2588.

Plasse, D., Verde, O., Arango, J., Camaripano, L., Fossi, H., Romero, R., Rodriguez, C. e Rumbos, J. L. 2002. Componentes de (co)variância, parâmetros genéticos e tendências anuais para pesos de bezerros em um rebanho Brahman mantido em Savana inundável. Genetics and Molecular Research. 1: 282- 297.

P. Perišic, Z. -Skalicki1, M. -M. Petrovic, V. -Bogdanovic1, D. -Ružic Muslic: 2009. Simmental Cattle Breed in Different Production System (Raça de Gado Simmental em Diferentes Sistemas de Produção). Institute for Animal Husbandry, Belgrade- Zemun, Biotechnology in Animal Husbandry 25 (5-6), p 315-326.

Rumph, J. M., Koch, R. M., Gregory, K. E., Cundiff, L. V. e Van Vleck, L. D. 2002. Comparação de modelos para a estimativa de parâmetros genéticos para o peso maduro de bovinos Hereford. Journal of Animal Science. 80: 583- 590.

Simm, G. 1998. Genetic Improvement of Cattle and Sheep (Melhoramento Genético de Bovinos e Ovinos). Farm press, Reino Unido.

Susanne Eriksson (2003). Aspectos genéticos dos traços de parto, crescimento e carcaça em bovinos de carne.

Szabó, F. 1990. Dados para o cruzamento recíproco do Simmental Húngaro e do Hereford. Hung. J. Anim. Prod. (Adatok magyar tarka és hereford szarvasmarhafajták reciprok keresztezésér6l. Állattenyésztés és Takarmányozás) 39: 129-138.

Szabolcs Bene, Barnabás Nagy, Lajos Nagy, Balázs Kiss,J. Péter Polgár e Ferenc Szabó (2007). Comparação das medidas corporais de vacas de carne de diferentes raças. Arch. Tierz, Dummerstorf 50 :4, 363-373.

Szabolcs Bene, Imre Füller, Attila Förd6s e Ferenc Szabó (2010). Resultados do desmame de vitelos Fleckvieh húngaros de carne. Parâmetros genéticos, valores de reprodução. Archiv Tierzucht 53: 1, 2636, ISSN 0003-9438.

T Ferenczi, C Forgacs, G Módos, T Volk, J.Malcolm, S Elek e J Tóth (2007). Análise da política agro-económica dos novos Estados-Membros, dos países candidatos e dos países dos Balcãs Ocidentais.

T6zsér, J.; Domokos, Z.; Alföldi, L.; Holló, G.; Rusznák, J. 2001. Medidas corporais das vacas de um rebanho Charolês com diferentes genótipos. Hung. J. Anim. Prod. (Különböz6 génarányú charolais tehenészet teheneinek testméretei. Állattenyésztés és Takarmányozás) 50: 15-22

T6zsér, J.; Sutta, J.; Bed6, S. 2000c. A avaliação de imagens de vídeo para medições de gado. Hung. J. Anim. Prod. (Videókép-analízis alkalmazása a szarvasmarhák testméretének értékelésében. Állattenyésztés és Takarmányozás) 49: 385-392

Vaez, T. R., Nicolas, F. W. e Raadsma, H. W. 1996. Estimativas REML de componentes de variância e covariância para caraterísticas de produção em ovinos Merino australianos usando um modelo animal. I. Peso corporal desde o nascimento até aos 22 meses. Australian Journal of Agricultural Research. 47: 1235- 1249.

Van der Westhuizen, R. R., Schoeman, S. J., Jordaan, G. F. e Van Wyk, J. B. 2001. Genetic parameters for reproductive traits in a beef cattle herd estimated using multitrait analysis. South African Journal of Animal Science. 31: 41- 48.

Van Dyk, R., Neser, F. W. C. e Kanfer, F. H. J. 2001. O efeito da seleção nas estimativas dos parâmetros genéticos. South African Journal of Animal Science. 31: 107- 114.

Wilson, D. E. 1996. Angus mature cow size genetic evaluation. Angus Journal, março, 8.

Wollert, J.; Tilsch, K.; Görlich, L.; Warzecha, H. 1987. Phänotypische und genetische Parameter produktiver Leistungsmerkmale von Fleischrindkühen. Arch. Tierz., Dummerstorf 30: 413420

Zjalic, M., Dimitriadou, A. & Rosati, A. 2006. Beef production in the European Union and the CAP reform Stocarstvo, 60 (3): 181-202.

MIX
Papier aus verantwortungsvollen Quellen
Paper from responsible sources
FSC® C105338

Printed by Books on Demand GmbH, Norderstedt / Germany